BEI GRIN MACHT SICH IHR WISSEN BEZAHLT

- Wir veröffentlichen Ihre Hausarbeit, Bachelor- und Masterarbeit

- Ihr eigenes eBook und Buch - weltweit in allen wichtigen Shops

- Verdienen Sie an jedem Verkauf

Jetzt bei www.GRIN.com hochladen und kostenlos publizieren

Udo Rosowski

Struktur und Entwicklung der Berufe von Gemeinderatsmitgliedern

GRIN Verlag

Bibliografische Information der Deutschen Nationalbibliothek:

Die Deutsche Bibliothek verzeichnet diese Publikation in der Deutschen National-
bibliografie; detaillierte bibliografische Daten sind im Internet über http://dnb.d-
nb.de/ abrufbar.

Impressum:

Copyright © 2000 GRIN Verlag GmbH
Druck und Bindung: Books on Demand GmbH, Norderstedt Germany
ISBN: 978-3-640-30120-1

Dieses Buch bei GRIN:

http://www.grin.com/de/e-book/110274/struktur-und-entwicklung-der-berufe-von-
gemeinderatsmitgliedern

Struktur und Entwicklung der Berufe von Gemeinderatsmitgliedern

von

Udo Rosowski

Struktur und Entwicklung der Berufe von Gemeinderatsmitgliedern

Eine empirische Untersuchung im Zeitraum 1946 bis 1999

Von

Udo Rosowski

Summery der

Diplom-Arbeit im Fach Statistik;

Eingereicht bei der

Fachhochschule Dortmund

Schon das Paulskirchenparlament von 1848 wurde als Beamten- und Juristenparlament[1] kritisiert. Solche Vorurteile gegenüber Parlamenten oder kommunalen Vertretungen wiederholen sich bis heute regelmäßig.

Diese Vorwürfe, die implizit eine repräsentative Abbildung der Bevölkerung in den Parlamenten oder kommunalen Vetretungen erwarten, waren jedoch meistens nicht statistisch belegt und spiegelten, wenn ihnen überhaupt konkrete Daten zugrunde lagen, immer nur die Zusammensetzung eines einzelnen Rates oder Parlaments wieder.

Die in diesem Aufsatz behandelte Untersuchung stellt eine erstmals durchgeführte empirische Breitenstudie in Form einer Längsschnittunter-suchung zum Zeitpunkt der jeweiligen Kommunalwahlen von 1946 bis 1999 vor.

Grundlage der Studie waren die Wahlergebnisse der Städte Düsseldorf, Gelsenkirchen, Viersen und Willich, der Gemeinde Brüggen und des Kreises Viersen.

Am Anfang der Untersuchung hätte die Klassifi-zierung des Erhebungsmerkmals Berufe stehen sollen. Bereits erste Materialien über Berufe und Berufsbezeichnungen[2] sowie Einsichten in Kandidatenverzeichnisse machten deutlich, dass eine Klassifizierung erst nach der erfolgten Vollerhebung und Kenntnis der tatsächlichen Berufsangaben möglich sein wird. So kennt allein die Bundesstatistik[3] 1.689 Berufsklassen. Auch eine rechtliche Bewertung[4] des Begriffs 'Beruf' lieferte keine Indizien für eine sinnvolle Gruppierung. Der Berufsbegriff ist quasi dem Einfallsreichtum des Benutzers anheim gegeben.

Dies belegte auch die spätere Auswertung der Archivdaten. Berufsangaben wie Pächter, Innungs-Obermeister oder Betriebsrat waren keine Seltenheit. Aber auch tatsächliche Berufs- oder Tätigkeitsangaben waren ungeheuer vielfältig. Schließlich erfolgte die Klassifizierung analog zur Wirtschafts- bzw. Arbeits- und Sozialstatistik[5] im Wesentlichen nach der Stellung im Beruf, ergänzt durch Zusatzmerkmale wie Rentner, Hausfrauen und Arbeitslos.

Jeweils eine Klasse bildeten schliesslich: Beamte, unterteilt in Verwaltungsbeamte, Richter, Lehrer(auch als Angestellte) usw., Angestellte im öff. Dienst, Pfarrer bzw. Mitarbeiter im kirchlichem Dienst, Angestellte in gewerkschaftlichen, sozialen od. sonst. Organisationen, Angestellte in der Wirtschaft, Selbständige/Handwerker, Freiberufler, Arbeiter, Hausfrauen, Rentner und Ratsmitglieder ohne Beruf.

Ausserordentlich aufwendig gestaltete sich die eigentliche Datenerhebung. Nur zwei Gemeinden hatten eigene Zusammenstellungen ihrer Ratsmitglieder, in einem Fall (Brüggen) sogar chronologisch nach den Wahlterminen.

In allen anderen Fällen mussten die Daten in den Archiven aus den Amtsblättern erhoben werden. Da hieraus nach den Archivvorschriften nicht kopiert werden konnte, mussten sämtliche Daten vor Ort manuell mittels Lap-Top in eine Excel-Tabelle übertragen werden.

Dies war doppelt aufwendig, da in den Bekanntmachungen der Wahlergebnisse keine Berufsangaben mehr veröffentlicht werden. Diese finden sich nur in den vorhergehenden Bekanntmachungen der Kandidatenlisten. Somit musste in einem ersten Schritt zunächst der/die gewählte Kandidat/in festgestellt und diesem in einem zweiten Schritt aus den vorher veröffentlichten Kandidatenlisten der dort angegebene Beruf zugeordnet werden.

Danach erst konnten die Berufe, getrennt nach Parteizugehörigkeit, den Berufsklassen zugeordnet werden.

Auswertung

Die Auswertung erfolgte zunächst separat für jede Gemeinde, wobei der Entwicklung der Berufsgruppen in den Räten auch die Ergebnisse der Volkszählungen oder des Microzensus[6] gegenübergestellt wurden.

Danach erfolgte die Bewertung der aggregierten Ergebnisse aller Gemeinden, denen wegen des Probenumfangs auch ein repräsentativer Charakter in Bezug auf andere Gemeinden zukommt.

Überraschend waren zunächst die Ergebnisse der ersten Wahlen der noch jungen Republik. Von 1946 bis weit in die 60er Jahre dominieren in den ländlicheren Gebieten die Selbständigen und Handwerker die Räte. Sie erreichen 1946 und 1952 im Kreis Viersen einen Spitzenwert von fast 45% aller Kreistagsmitglieder. Eine je nach Kommune vergleichsweise starke Stellung haben die Angestellten in der Wirtschaft. Arbeiter sind erwartungsgemäß in Gelsenkirchen in den ersten Räten mit über 30% stark vertreten, in anderen Kommunen stellt man schon deutlich geringere Zahlen fest. Ausreisser ist 1946 Düsseldorf mit einem Anteil von nur 3,9% Arbeiter.

Beamte sucht man in dieser Zeit in den Räten fast vergeblich. Lediglich vereinzelt findet man einen Lehrer, der aber statusrechtlich zu dieser Zeit vermutlich kein Beamter war.

Die große Zeit der Beamten beginnt erst mit den gesellschaftlichen Umbrüchen der sogenannten 68' und der sozial-liberalen Koalition auf Bundesebene. Wie Phönix aus der Asche werden bei den Wahlen in den siebziger und achtziger Jahren Höchstwerte von rd. 27% in einigen Gemeinden erreicht.

Auffällig dabei ist, dass sowohl die extremen Anstiege anfang der Siebziger wie auch die signifikanten Rückgänge in den letzten Jahren (1994 / 1999) zum überwiegenden Teil auf den Anteil der Lehrer zurückzuführen ist. Der Anteil der Lehrer innerhalb der Gruppe der Beamten erreicht teilweise Anteilswerte von 75%, im Extremfall (Willich, 1999) sogar 100%.

Dem Anstieg bei den Beamten steht der krasse Rückgang bei den Arbeitern gegenüber.

Erreichten sie bei den Wahlen 1965 noch Anteilswerte von durchschnittlich 15%, fiel ihr Anteil schon bei den nächsten Wahlen drastisch auf unter 9%. Der Rückgang ging weiter und seit den letzten Wahlen sind Arbeiter entweder gar nicht mehr oder nur noch als Solitär in den Räten vertreten.

Ähnlich stark war der Rückgang der Selbständigen zu verzeichnen.

Dass diese in den letzten Jahren immerhin um Werte von 10% pendeln liegt nur daran, dass der Rückgang gegenüber den Arbeitern von einem höheren Ausgangsniveau ausgegangen ist.

Kräftig zulegen konnten neben den Beamten vor allem auch die Angestellten in der Wirtschaft.

Seit den sechziger Jahren erreichen sie stetig Anteilswerte zwischen 25 und 31%. Damit stellen sie immer auch die stärkste Gruppe in den Räten dar.

Relativ konstant sind dagegen die Anteile der Freiberufler, die seit den fünfziger Jahren in einer Bandbreite von 4 Prozentpunkten zwischen 8% und 12% schwanken.

Dies gilt auch für Angestellte im öffentlichen Dienst und für Angestellte in sozialen, politischen, gewerkschaftlichen oder caritativen Organisationen, wenn auch mit 4% bzw. 5% auf wesentlich niedrigerem Niveau.

Zunächst nicht erwartet wurden die Werte der Hausfrauen und Rentner. Fasst man diese Gruppen als 'Nichterwerbstätige' zusammen, so ist eine in den letzten Jahren stetige Zunahme auf zuletzt 17% festzustellen. Damit ist ca. jedes sechste Ratsmitglied ohne Beruf.

Mit der vorliegenden Untersuchung sollte jedoch nicht nur die Beschäftigungsstruktur in den kommunalen Vertretungen untersucht wrden. Vielmehr sollte auch vesucht werden festzustellen, ob die Berufsgruppen , wie vielfach kritisch gefordert, entsprechend ihrem Anteil an der Gesamtbevölkerung angemessen in den Räten vertreten sind.

Diese Analyse fand ihre Grenzen in den nicht deckungsgleichen Grundgesamtheiten der jeweils zum Vergleich herangezogenen Erwerbs- oder Bevölkerungsstatistiken sowie den Volkszählungen und dem Microzensus.

So werden in den Statistiken auch ausländische Einwohner erfasst, wohingegen zu den Vertretungen zunächst nur deutsche Staatsangehörige sowie zuletzt auch EU-Bürger wählbar waren.

Die Erwerbsstatistiken gehen zudem von der Grundgesamtheit aller Erwerbstätigen aus. Dem stehen bei den Wahlen wiederum alle Wahlberechtigten im Alter ab 16 Jahren gegenüber.

Die Vergleichsstatistiken konnten daher größtenteils nur als Tendenz herangezogen werden, wobei teilweise noch versucht wurde, Anteilswerte rechnerisch vergleichbarer zu machen.

Geht man von den Ergebnissen der Erwerbsstatistik aus, so muss man als Grundaussage auch im Zeitablauf feststellen, dass von den Erwerbstätigen sowohl Arbeiter als auch Angestellte deutlich höhere Anteilswerte aufweisen als Beamte und Selbständige.

In Bezug auf den Arbeiteranteil ist hier die Diskrepanz sehr deutlich zu sehen, da Arbeiter wie oben dargestellt in den Räten kaum mehr vorkommen.

Der Vergleich zwischen Beamten und Selbständigen macht ebenfalls eine unterschiedliche Häufigkeitsverteilung deutlich.

Bei der Erwerbsstatistik liegen seit den sechziger Jahren die Selbständigen immer knapp vor den Beamten.

In den Räten rangieren die Beamten dagegen seit Anfang der 70er deutlich vor den Selbständigen.

Dabei scheinen die Selbständigen selbst in den Räten aber auch schon überrepräsentiert zu sein. Nach der Erwerbsstatistik erreichen sie Werte um 9% der Erwerbstätigen.

Gemessen an der Gesamtbevölkerung, die gegenwärtig fast je zur Hälfte aus Erwerbs- und Nichterwerbspersonen besteht, müsste dieser Anteil noch deutlich auf ca. 5-6% reduziert werden.

Bei den Wahlen erreichen Sebständige aber Werte um 10%. Dabei muss dieser Prozentsatz noch nach oben um diejenigen Freiberufler korrigiert werden, die als Selbständige ihrer Beschäftigung nachgehen. Das sind nach Erhebungen der Kammern[7] knapp die Hälfte der Freiberufler.

Selbständige und selbständige Freiberufler kommen damit auf einen Anteilswert von rd. 13%.

Sind schon die Selbständigen überrepräsentiert, gilt das dann natürlich erst recht für die Beamten. Betrachtet man diese Personengruppe, muss noch einmal auf die deutliche Mehrheit der Lehrer innerhalb der Beamten hingewiesen werden. Dabei wurde vereinfachend davon ausgegangen, dass alle Lehrer in einem Beamtenverhältnis beschäftigt werden. Die ist zwar zunehmend nicht der Fall, jedoch waren Differenzierungen nach dem Status der Lehrer trotz mehrerer Anfragen beim Landesamt für Datenverarbeitung und Statistik und beim Schulministerium nicht zu erhalten. Zudem werden Lehrer im Sprachverständnis der Bevölkerung immer noch weitgehend automatisch der Beamtenschaft zugeordnet.

Insgesamt haben die Lehrer in NRW einen Anteil von 45% an den in NRW beschäftigten Beamten.

In den Räten erreichen sie Anteilswerte von bis zu 75%, in einem Einzelfall sind sind die Beamten sogar nur durch Lehrer im Rat vertreten.

Damit zeigt sich eine deutliche Dominanz dieser Teilgruppe.

Dagegen sind die Angestellten im öffentlichen Dienst gemessen an ihrem Anteil der Erwerbstätigen eher unterrepräsentiert.

Wegen der Tatsache, dass freiberufliche Tätigkeiten gleichwohl in unterschiedlichen Beschäftigungs-verhältnissen ausgeübt werden können und die Erwerbsstatistik Freiberufler nicht gesondert erfasst, sind Vergleiche hinsichtlich ihres Anteils an der Bevölkerung nicht möglich. Innerhalb der Gruppe der Freiberufler kann jedoch festgestellt werden, dass hier überwiegend Juristen in den Räten vertreten sind. Nach den Statistiken der Kammern haben sie aber nur einen Anteil von 23%. Der größte Anteil von fast 50% stammt aus dem Gesundheitswesen. Diese Berufe sind aber in den Räten fast nicht vertreten.

Interessant war zunächst der hohe Anteil der Nichterwerbstätigen in den Vertretungen. Hier muss aber berücksichtigt werden, dass inzwischen fast die Hälfte der Bevölkerung zu den Nichterwerbstätigen zählt. Selbst wenn man diese Zahl um die nicht wählbaren Kinder und Jugendlichen bis 16 Jahre sowie die nicht wählbaren ausländischen Mitbürger bereinigen würde, bleibt ihr Bevölkerungsanteil, schon wegen der derzeitigen Altersverteilung, erheblich. Insoweit ist der Anteil der Rentner und Hausfrauen sicher angemessen.

Interessant ist noch der Vergleich der Berufsanteile in den Parteien, wobei hier nur die SPD und CDU untersucht wurden. Wegen der geringen Anteilswerte bei den kleineren Parteien und Wählergemeinschaften mit z.T. nir ein bis zwei Ratsmitgliedern wären die festgestellten Quoten ohne Aussagewert gewesen.

Bei der CDU hatten 1999 die Angestellten mit über 35% die Nase vorne. Mit größerem Abstand folgen Beamte mit gut 14% (Lehrer 6%), Selbständige mit fast 13 % und Freiberufler mit rd. 11%. Hausfrauen und Rentner erreichen je 8%, andere Gruppen spielen erreichen nur zu vernachlässigende Werte.

Bei der SPD liegen die Beamten mit fast 28% an der Spitze, dabei ist jeder Zweite Lehrer. Die Angestellten folgen mit 22% auf dem zweiten Platz, Hausfrauen sind mit 12% und Rentner mit über 8% in den Fraktionen vertreten.

Hier spielen auch Angestellte in gewerkschaftlichen oder sozialen Organisationen mit über 7% noch eine gewisse Rolle.

Fazit:

Zusammenfassend bleibt festzuhalten:

Selbständige und Lehrer sind in den Räten offensichtlich überrepräsentiert.
Gewerbliche Angestellte, Angestellte im öffentlichen Dienst, sonstige Beamte und
Nichterwerbstätige zeigen keine signifikanten Abweichungen wohingegen Arbeiter deutlich
unterrepräsentiert sind.

Die weitergehende Frage, warum sich offenbar für politische Mandate einige Bevölkerungs-
und Berufsgruppen mehr oder weniger engagieren, wurde hier nicht untersucht und bleibt
eigenen Untersuchungen vorbehalten.

Quellen:

---

[1] Eyck, Frank: Es waren vor allem Beamte und Juristen, In: Frankfurter Rundschau, 29.Jg. Nr. 89/1973
[2] Bundesanstalt für Arbeit, Berufe aktuell, Ausgabe 1998/99
[3] Bundesanstalt für Arbeit, Klassifizierung der Berufe, Systematisches und alphabetisches Verzeichnis der Berufsbenennungen, 1988
[4] z.B. Alfert/Kühlkamp/Stegemann, Staats- und Verfassungsrecht der Bundesrepublik Deutschland, Verlag Joh. Burlage, 1983
[5] Bundesministerium für Arbeits- und Sozialordnung, Statistische Taschenbücher bzw. Bundesministerium für Wirtschaft, Wirtschaft in Zahlen
[6] vgl. Gesetz über eine Volks-, Berufs-, Gebäude-, Wohnungs- und Arbeitsstättenzählung vom 08.11.1985 (BGBl.I S.2078), Gesetz zur Durchführung einer Repräsentativstatistik über die Bevölkerung und den Arbeitsmarkt vom 10.06.1985 (BGBl. I S. 955)
[7] z.B. Anwaltskammern, Ärztekammern, Architektenkammern u.a.

Zur Person:
Udo Rosowski
Diplom-Verwaltungswirt, Diplom-Betriebswirt (FH)
seit 30 Jahren im Landesdienst in den verschiedensten Behörden tätig, u.a. im Führungsstab der Polizei, als Diensstellen- und Verwaltungsleiter im kommunalpolitischen Bereich u.a Betätigung als Ratsherr, Schulausschussvorsitzender, stellv. Bürgermeister und stellv. Aufsichtsratsvorsitzender eines komm. Altenheims